跟我学
人工智能

邵学良　　刘　君◎主编

金城出版社
GOLD WALL PRESS
·北京·

图书在版编目（CIP）数据

跟我学人工智能 / 邵学良，刘君主编 . —北京：
金城出版社有限公司，2022.1
ISBN 978-7-5155-2293-7

Ⅰ . ①跟⋯　Ⅱ . ①邵⋯ ②刘⋯　Ⅲ . ①人工智能－青少年读物
Ⅳ . ① TP18-49

中国版本图书馆 CIP 数据核字（2021）第 264674 号

跟我学人工智能

主　　编	邵学良　刘　君
责任编辑	丁洪涛
责任校对	王秋月
开　　本	710 毫米 ×1000 毫米　1/16
印　　张	7.25
字　　数	60 千字
版　　次	2022 年 3 月第 1 版
印　　次	2022 年 3 月第 1 次印刷
印　　刷	大厂回族自治县德诚印务有限公司
书　　号	ISBN 978-7-5155-2293-7
定　　价	49.80 元

出版发行　**金城出版社有限公司**　北京市朝阳区利泽东二路 3 号
　　　　　邮编：100102
发 行 部　（010）84254364
编 辑 部　（010）84250838
总 编 室　（010）64228516
网　　址　http://www.jccb.com.cn
电子邮箱　jinchengchuban@163.com
法律顾问　北京市安理律师事务所（电话）18911105819

序　言

　　习近平总书记在致 2018 年世界人工智能大会的贺信中强调："新一代人工智能正在全球范围内蓬勃兴起，为经济社会发展注入了新动能，正在深刻改变人们的生产生活方式。"不难看到，中国正致力于实现高质量发展，人工智能发展应用将有力提高经济社会发展智能化水平，有效增强公共服务和城市管理能力。教育领域也要顺应社会的发展变化，把人工智能实施于中小学的课程中来，这对于中小学生现代信息技术的掌握、全民智能的普及、人工智能方面人才的培养等具有非常重要的现实意义。然而在具体的实践中也存在各式各样的挑战，只有采取相应的对策，才能有效确保人工智能课程在中小学中得到良好实施。

　　人工智能不是独立于人类社会而自行发展的，因此它一定是始终与人类社会活动保持持续的交互沟通，人类的价值观也会不断地影响它，所以最终人工智能也会具有很多人类的特征，它一定会对人类产生更为积极的影响。我们现在要做的就是要日拱一卒，每天进步一点点。

邵学良

2021 年 12 月

目 录

第一章

走进人工智能

　　人工智能（Artificial Intelligence，简称AI），是计算机科学发展到一定高度的产物。它比传统的计算机技术更为复杂和拟人化，让计算机通过学习来模仿人的思维和行为。如今，在我们身边的很多场景中，都能看到人工智能的应用。可以说，我们已经进入了人工智能的时代。

　　在这一章里，我们要先回顾一下计算机的发展历史，看看人工智能是如何诞生，又是如何成为每个人不可或缺的应用工具的。

第一课　神奇的电子计算机

1. 了解电子计算机的诞生和发展历程。
2. 了解人工智能的起源。

知识遨游

在众多科学领域中，计算机科学是对我们生活影响深刻的学科之一。计算机科学（Computer Science，简称CS），是专门研究计算机的学科，也是人工智能得以出现的基础。人们为了大规模处理信息和数据，发明了电子计算机。有了计算机的帮助，人类社会发生了第三次工业革命。人工智能是计算机科学发展的一条新路径，研究如何使计算机更好地学习人类，完成更加复杂的工作。

计算机与
人工智能关系密切

电子计算机的诞生

第二次世界大战期间，交战的各方都使用了先进的武器，例如飞机和远程火炮等。想让这些武器发挥最大作用，使尽可能多的炮弹击中目标，就要精确计算炮弹的弹道。因为战场上的信息复杂多变，要想把各种情况下的弹道都计算出来，要靠大量人员使用手摇计算器计算很长时间。在这种情况下，电子计算机应运而生。

1946 年，美国人发明了世界上第一台通用电子计算机"Electronic Numerical Integrator And Computer"，简称为 ENIAC（埃尼阿克），它是公认的现代电子计算机的鼻祖。从此以后，电子计算机走上了时代的舞台。

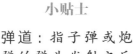

小贴士

弹道：指子弹或炮弹的弹头发射之后飞行的轨迹。

和现在常见的计算机不同，ENIAC 的体积很大，长 30.48 米、宽 6 米、高 2.4 米，占地面积约 170 平方米，重达 30 吨，能占满一间半教室，大约相当于 6 头大象的重量。它的内部安装着 1.88 万个真空电子管，一秒钟内可以进行 5000 次加法运算。这样的计算速度放在今天简直是微不足道，但在当时已经相当快了。

图 1-1-1　ENIAC 相当于 6 头大象的重量

电子计算机的发展

随着 ENIAC 的诞生，电子计算机走上了发展的快车道，不但出现了专门从事大型运算的超级计算机，家用计算机、笔记本计算机也相继出现，计算机担负的功能不再只是计算，而是向着网络化和智能化的方向发展。

我国的神威·太湖之光超级计算机，曾经在世界超算领域排名第一。超级计算机能够衡量一个国家的科技实力，在大型工程、军事、航空等领域发挥着无可比拟的作用。

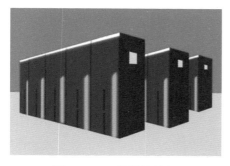

图 1-1-2　超级计算机

图 1-1-3　笔记本计算机

微型计算机给生活带来了极大的便利，计算机网络则提供了海量的信息交换。在此基础上，让计算机对人类的思维和创造活动进行模仿，使计算机具备学习能力，能够替代人类从事很多工作，这就是人工智能。

图 1-1-4　网络化

图 1-1-5　智能化

思考与实践

我们现在已经初步了解了电子计算机的发展历程，以及人工智能和电子计算机的关系，接下来就请大家进行思考和实践。

想一想

1. 世界上第一台通用电子计算机是在什么背景下诞生的？
2. 电子计算机的发展特征是什么？
3. 人工智能和电子计算机的关系是怎样的？

做一做

仔细研究一下家里的计算机，列举出它有哪些奇妙的地方吧。

创意思考

请你想一想，计算机还会怎样发展呢？未来的计算机能够实现哪些更加神奇的功能？

拓展阅读

电子计算机的发展可以分为几代。从 1946 年第一台通用电子计算机面世到 1957 年，人们制造的计算机都采用电子管作为逻辑电路的元件，运行的是机器语言或汇编语言编写的程序，这就是第一代电子计算机。在这个阶段，计算机的主要功能是进行科学计算。

图 1-1-6 我国研制的电子管计算机

我国于 1956 年开始研制自己的电子计算机，并于 1958 年制造成功。这台计算机使用电子管，每秒能进行 2000 次运算。

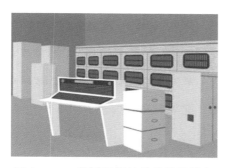

图 1-1-7 我国研制的晶体管计算机

1957 年到 1967 年，出现了第二代电子计算机。它与第一代电子计算机的区别在于，使用晶体管作为逻辑电路的元件，这使得计算速度大大提升，达到每秒数十万次。由于功能越发强大，它的作用也不再仅仅局限于科学计算，而是扩展到了信息处理。

1967 年，我国制造出了自己的第一台晶体管电子计算机，运算速度为每秒 5 万次。

第三代电子计算机使用的是中、小规模集成电路做基本逻辑电路。计算速度也有了飞跃式的提升，计算速度达到了每秒数百万次甚至上亿次。

图 1-1-8　我国研制的集成电路计算机

1970 年，我国的第一台三代计算机研制成功。

从 1970 年开始到 2016 年的 40 多年间，使用大规模集成电路的第四代电子计算机成为主角。这一代计算机开始朝巨型化和微型化两个方向发展。巨型计算机的计算速度往往超过每秒亿次，甚至能够达到每秒百亿次。微型计算机进入了千家万户，成为信息社会的重要工具。

1975 年，我国开始了对大规模集成电路的研究，并于 1983 年制造出了我国首台巨型计算机"银河"，运算速度达每秒 1 亿次以上。

图 1-1-9　我国研制的巨型计算机"天河二号"

如今，最新的第五代电子计算机不但在运算速度上进一步加快，还具有深度学习的能力，是带有人工智能属性的新一代计算机。

 推荐书目

　　《中国超算——"银河""天河"的故事》（龚盛辉著，河南文艺出版社，2017年10月第1版。）

第二课　了不起的人工智能

1. 了解人工智能是如何诞生和发展的。
2. 通过与智能机器进行互动，感受人工智能的特质。

知识遨游

电子计算机刚一面世，就引起了数学家和计算机工程师的极大兴趣。

因为它的计算功能实在是太强大了，这不禁让人们想到，是否能用它来模拟人类的智能呢?

人工智能横空出世

1950 年，英国数学家、计算机科学家艾伦·图灵发表了一篇题为

《计算机器与智能》（*Computing Machinery and Intelligence*）的论文。在这篇论文中，图灵首次提出了他对计算机的想法：机器能思考吗？这标志着对人工智能的探索正式开启。为了纪念图灵在计算机科学方面做出的贡献，科学家们设立了图灵奖，将其作为计算机科学领域的最高荣誉。

机器能思考吗？（*Can machines think？*）

1951 年，美国普林斯顿大学的年轻学生马文·明斯基发明了一部神经网络机器 SNARC。虽然这部机器的网络规模很小，只有 40 个神经节点，但却成功地让神经信号在网络中传递，证实了人工智能的可行性。凭借这项开创性的工作，明斯基于 1969 年获得了图灵奖。

图 1-2-1　图灵奖

1956 年，科学家们在美国的达特茅斯学院举行会议，讨论是否能够用机器模仿人类。"人工智能"这个全新的词汇，在这次会议上第一次被提出。达特茅斯会议结束之后，人工智能正式走上了历史舞台。

人工智能的最初探索

从 1964 年开始，美国麻省理工学院的约瑟夫·维森鲍姆教授用两年的时间编写出了计算机程序 ELIZA。这个程序令人震惊之处在于，它能通过一些简单的规则使用自然语言和人类对话，展现出了一定的学习能力。

图 1-2-2　计算机程序 ELIZA

日本科学家也开展了人工智能的研究。1967 年到 1972 年，在早稻田大学诞生了第一台人形机器人。相比过去的智能机器人，它最大的进步在于不但能进行简单的对话，还能通过视觉引导独立行走和抓取物体。

在人们最初的设想中，机器人就应该和人的形象接近，因此"人形机器人"为未来的设计引领了方向。

人工智能的发展也曾一度陷入停滞。

人工智能的再造辉煌

一直到 1997 年，人工智能通过一场"世纪大战"重回人们的视野。

这年 5 月，世界国际象棋冠军盖瑞·卡斯帕罗夫和一个特殊的对手进行了一番较量。这位"棋手"不是人类，而是 IBM 公司设计制造的超级计算机"深蓝"（Deep Blue）。在前五局对决中，卡斯帕罗夫和"深蓝"战成了平手。到了决胜局，卡斯帕罗夫才走了 19 步就认输了。

图 1-2-3　超级计算机"深蓝"战胜人类

他号称是最聪明的人类，但是一秒钟内也只能思考三步棋，而"深蓝"的计算速度是每秒 2 亿步。这次比赛，让人们又看到了人工智能的发展潜力。

从此以后，人工智能凭借其强大的信息处理能力和学习能力，在很多比赛中大显身手。2011 年，IBM 的"沃森"计算机挑战美国的一档智力问答节目。这个名为《危险边缘》的节目有极其庞大的题库，天文地理无所不包，能够挑战成功的人屈指可数。令人震惊的是，"沃森"轻松闯关，并且显示出了一定的思考能力。

图 1-2-4　机器人"阿尔法围棋"战胜人类

2016 年 3 月，谷歌公司研发的围棋对弈机器人 AlphaGo（阿尔法围棋）战胜了世界围棋冠军——韩国的李世石九段，引发了广泛的关注。在这场 5 局的对弈中，AlphaGo 只输了一局。它表现出了强大的分析能力，甚至懂得依靠直觉，其思维方式非常接近人类。这让人工智能的热潮再次席卷全球。

互联网的飞速发展开启了人工智能的新高潮，通过深度学习和大数据技术，人工智能的更新迭代大大加快了。

思考与实践

我们现在已经了解了人工智能是如何发展的，以及发展过程中的重要事件。接下来，让我们根据这些知识一起来想一想、做一做。

想一想

1. 图灵在那篇跨时代的文章中提出了一个大胆的问题："机器能思考吗？"如今这个问题有答案了吗？

2. 看看下面这幅图，想一想，人工智能的发展历程给了我们什么启示？

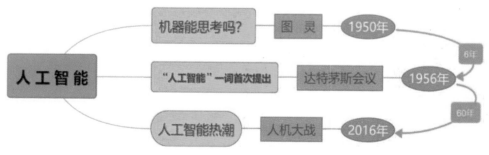

图 1-2-5　人工智能发展历程

做一做

结合所学的知识，给机器人编写一个程序，让它能够跳起舞来吧！看看机器人是如何实现自动控制的。

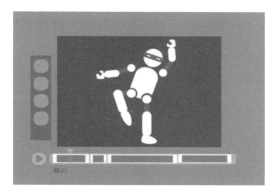

图 1-2-6 给机器人编制跳舞程序

创意思考

和你的好朋友聊一聊你对人工智能的看法吧，未来的人工智能还会给我们带来哪些惊喜呢？

拓展阅读

图灵测试

我们在前面提到过，提出"机器能思考吗"这个问题的人，是英国数学家、计算机科学家艾伦·图灵。因为他在人工智能方面进行了开创性的研究，因此人们也将他称为"人工智能之父"。

图 1-2-7 艾伦·图灵

图灵曾经提出了一个著名的测试，用来判断人工智能是否拥有足够的智力，这就是"图灵测试"。测试中，一个人和一台机器将被关在一个密室中，密室外有一个研究人员与他们分别交谈。如果研究人员无法判断其中哪个是人，哪个是机器，就说明这台机器通过了测试。

多年来，很多人工智能程序挑战过图灵测试。2014 年，一个名为尤金·古斯特曼的程序第一次通过了测试。研究人员把它当成了一个来自"乌克兰、会说英语的 13 岁小男孩"。这标志着人工智能实现了突破。

图 1-2-8 图灵测试

推荐书目

　　《人工智能——小学版》（樊磊、梁森山主编，清华大学出版社，2020 年 8 月第 1 版。）

　　《艾伦·图灵传》（安德鲁·霍奇斯著，湖南科学技术出版社，2017 年 10 月第 1 版。）

第三课　如影随形的人工智能

学习目标 >>

1. 了解人工智能在生活中所发挥的作用。

2. 通过了解人工智能对生活的巨大影响，提升学习人工智能的兴趣。

知识遨游

如今我们已经进入了人工智能的时代，我们身边的一切，几乎都有人工智能的影子，它已经深深地融入了我们的日常生活。

图 1-3-1　人工智能融入了我们的日常生活

智能家居

现在有很多家用电器和家居设备都引入了人工智能。通过物联网技术，使用软件和支持相应软件的硬件，就能把家居环境打造成一个智能的平台，极大提高住宅设施的使用效率，能够远程布置家庭事务，让居家变得更舒适、更便利、更安全。

这样的场景已经日渐为人们所熟悉：回到家，不用在背包里翻找钥匙，而是通过指纹或人脸识别解锁开门。进入家中，通过智能音箱发出指令，控制各种电器，例如打开空调、播放音乐、拉好窗帘。不在家的时候，通过程序设定，可以让扫地机器人自动打扫房间。这样的生活，怎么能不让人喜欢呢？

图 1-3-2　智能家居

餐饮行业

图 1-3-3　餐饮机器人

如今，很多饭馆里都没有服务员，当我们想要就餐的时候，自动点餐机会帮我们下单，机器人厨师为我们做好美味可口的饭菜，传菜机器人把饭菜端上餐桌，用餐结束后使用电子支付结账。这些场景过去只存在于想象中，现在却已经越来越普遍。

汽车行业

人工智能正在改变汽车行业。有这样一种"奇怪"的车，它没有方向盘，也没有油门和刹车，只需要输入目的地，它就能自动行驶而无须人类操作。可能有人说，这样多危险啊！事实上，凭借强大的感知系统，自动驾驶在面对危险情况时的反应时间只有 1 毫秒，几乎可以做到即发现即避免。相比之下，人类的平均反应时间是 140 毫秒。

生活中有很多事故是人的操作失误造成的，计算机操作系统可以避免这一点。只要输入指令，它就会不折不扣地操作，减少了出现失误的可能性。

图 1-3-4　无人驾驶

教育领域

在教育领域，人工智能正发挥着重要的作用。在大数据的帮助下，人工智能可以为受教育者提供个性化的学习方案，还能利用网络进行场景式教育。对于老师来说，人工智能可以完成布置作业、批改试卷等费时费力的工作，让老师把精力放在更有用的地方，提高了教学效率。如今，在线教育方兴未艾，这离不开人工智能的帮助。

图 1-3-5　在线教育

医疗领域

人工智能在医疗领域大显身手。如今，医疗行业中的人工智能日常规模已经突破了两成，帮助解决了很多医疗界的难题。我们知道，优质医疗资源十分稀缺，通过人工智能，可以让更多人享受到专家级的诊疗服务，提升患者就医感受，改善医患关系。在制药领域，人工智能也能帮助提高生产效率，让药价更加趋于合理。

图 1-3-6　人工智能在医疗领域的应用

农业领域

在农业生产过程中，人工智能可以从播种到收获的全产业链中发挥作

图 1-3-7　无人机灌溉

用。人工智能除虫、预防极端天气灾害、精确计算收获时间等，这些都大大提升了农产品的收成，节约了成本。

总之，人工智能让生活变得更加高效、便捷。当然，由此引发的一系列问题，例如信息安全、网络诈骗等，也应引起我们的重视。我们要发挥人工智能的优势，正确引导它为人类社会服务。

思考与实践

想一想

我们的身边都有哪些人工智能呢？把它们找出来吧。然后想一想，它们给我们的生活带来了哪些帮助？

做一做

找到手机中的智能导航功能，和手机进行一下互动吧。

创意思考

我们现在生活的时代，是过去的人难以想象的。作为学生，你希望人工智能实现哪些新的功能呢？

图 1-3-8　智能手机上的人工智能相关应用

拓展阅读

人类社会经过长达数万年的发展，从依赖自然的狩猎和农耕时代，到改造自然的工业时代，如今又进入了人工智能的新时代，认识自然、利用自然的能力进一步提升。那么，在人工智能的影响下，我们周围的世界将变成什么样的呢？

智能生活

一天开始

这是 2029 年的一天，清晨的阳光照进卧室，一个声音响起：现在是 2029 年 9 月 3 日，早上 7 点整，让我们开始新的一天吧！这个声音来自智能音箱，它是智能家居系统的一部分。我们的居家生活，被这一系统安排得井井有条。

早餐时间

起床洗漱之后，餐桌上已经摆好了可口的早餐。这是智能机器人按照营养搭配和你本人最近的健康情况，精心为你烹饪的、合乎你口味的美食，让你一天精神满满。

上学路上

走出家门，汽车就停在你的面前。当你准备出门的时候，智能系统就对汽车发出了指令，提前来到门口做好准备。上车之后，车辆自动启动。你说出想要去哪里，车辆就会自动行驶到目的地。整个过程中，你完全没有开车的紧张，只会感到安全、舒适，还有欣赏车外风景的惬意。

推荐书目

《人工智能》（李开复、王咏刚著，文化发展出版社，2017年5月第1版。）

第二章

探索人工智能

在我们的日常生活中，人工智能可以说是无处不在：你拿起手机，"刷"一下脸，手机就解锁了；你想听歌了，对着智能音箱说出歌名，音箱就立即播放出歌曲；你遇到了问题，在搜索引擎里搜索一下，马上就得到了答案……这些都要归功于人工智能。

人工智能早已成为我们生活中不可缺少的一部分，让我们的生活发生了翻天覆地的变化。人工智能不仅有"看"的能力、"听"的能力，还有"学习"的能力，如此奇妙的功能，究竟是怎样实现的呢？在这一章中，我们就来揭开人工智能的这层神秘面纱。

第一课　人脸识别——让机器认识我们

1.了解机器是如何对人脸进行识别的。

2.了解特征点在人脸识别中发挥的作用。

3.感受人脸识别如何改变我们的生活。

知识遨游

你在使用手机的时候，有没有用过人脸识别解锁屏幕功能？你在买东西付款的时候，有没有用过刷脸支付功能？你家的大门上有没有安装人脸识别门禁，确保家中更安全呢？相信每个人都多多少少接触过人脸识别，那么机器到底是如何认出我们的呢？

图 2-1-1 人脸识别手机屏幕解锁

什么是人脸识别？

小贴士

人脸识别：人脸识别是一种生物识别技术，其目的是根据人脸的特征信息来识别人的身份。所谓人脸识别，就是通过摄像头提取人脸特征，与数据库中存储的人脸特征进行对比，进而识别出被检测者的身份。人脸识别通常也被称为人像识别、面部识别，也就是我们通常所说的"刷脸"。

以前，人们只有在科幻电影中才会看到这种"刷脸"技术：主人公站在一扇大门前，激光扫过他的脸，门就打开了，类似的情节还有很多。如今，科技的发展让我们每一个人都可以在日常生活中接触到人脸识别技术了。

图 2-1-2　人脸识别

人脸识别技术的发展

　　20 世纪 60 年代，研究人员开始对人脸识别系统进行研究。当时，人脸识别的主要方法是根据人脸的几何结构，分析面部器官的特征点，以及各个器官之间的关系，从而实现对人脸的识别。这个方法虽然简单，但还不够成熟，比如，当面部表情出现变化，或者角度略有偏差时，就会出现无法识别的问题。

　　1991 年，"特征脸"技术诞生，这项技术通过对人脸信息进行主成分分析和统计，能够更快地识别出人脸，被认为是第一种有效的人脸识别方法。

图 2-1-3　人脸识别"特征脸"技术

自 2004 年开始，随着"大数据"的应用越来越广泛，"深度学习"和"神经网络"的概念被人们所熟知，与此相关的语音识别、手写字体识别等技术也给我们的生活带来了极大的便捷。香港中文大学的研究人员开发出了卷积神经网络，用于学习人脸特征。基于卷积神经网络的人脸识别，其精确度在人脸数据集（LFW）上首次超过了人眼识别。

图 2-1-4　人脸识别技术的发展历程

如今，我国对人脸识别技术的探索不断取得新突破，并且逐渐将这项技术应用于各个领域，开发出考勤管理系统、支付系统、闸机、门禁等产品。

图 2-1-5　人脸识别技术覆盖多个领域

解密人脸识别

人脸识别技术一般包括四个部分：人脸图像采集、人脸图像预处理、人脸图像特征提取以及人脸图像匹配与识别。

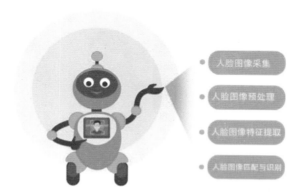

图 2-1-6　人脸识别的四个步骤

人脸图像采集

通过摄像镜头等图像采集装置采集人脸信息，静态图像和动态图像都可以，并且不限位置、表情和角度。只要你处于图像采集装置的拍摄范围内，装置就会拍摄下你的脸部信息，并存入数据库。

图 2-1-7　静态人脸图像采集

图 2-1-8　动态人脸图像采集

人脸图像预处理

对采集到的人脸信息进行灰度校正、噪声过滤、姿态归一化等处理，排除光线过强或过暗、图像倾斜、人物姿态偏转等现象造成的影响，使接下来的人脸图像特征提取步骤能够更准确、更高效。

| 姿态 | 光照 | 遮挡 | 模糊 |

图 2-1-9　人脸识别难点

人脸图像特征提取

人脸的组成部分包括眼睛、鼻子、嘴、下巴等，在不同的人脸上，它们的大小、形状、位置以及彼此之间的结构关系也是不同的。找出主要器官的特征，用点作为标记，例如嘴角点、颧骨点、鼻尖点等，用这些点构成若干特征向量，包括任意两点之间的距离、曲率、角度等。要想正确识别人脸，就必须准确提取这些特征点。

图 2-1-10　特征点图　　　　　　图 2-1-11　人脸图像特征提取

人脸图像匹配与识别

对新采集到的人脸图像进行特征提取，将提取到的特征数据与已经存入数据库的特征模板进行搜索匹配，并输出匹配结果。

简单来说，人脸识别就是用待识别的人脸特征来对比已存储的人脸特征，当两者的相似度超过设定的数值时，便可确认人脸的身份信息。

图 2-1-12　人脸图像匹配与识别

思考与实践

想一想

1. 在生活中，人脸识别技术还有哪些应用？

2. 请举例说明，我们在日常生活中使用的一些机器都是怎样识别人脸的，其基本原理是什么？

3. 人脸识别技术能否识别出戴着口罩的人脸呢？

做一做

很多编程平台都可以进行人工智能编程，我们可以结合自己所掌握的编程知识，运用人脸检测、人脸识别等命令模块，编写出符合人脸识别基本原理的程序，请大家自己动手尝试一下吧！

程序设计思路：识别检测到的人脸，当识别结果为男性时，说："你好，boy！"当识别结果为女性时，说："你好，girl！"

编程实践：

图 2-1-13 人脸识别程序

✏️ 创意思考

尝试编写其他人脸识别程序，例如，表情检测、肤色检测、疲劳驾驶提示等等。

拓展阅读

人脸识别技术的应用

2017 年底，上海地铁首次应用刷脸进站技术，极大提高了通行效率。

图 2-1-14 刷脸进站

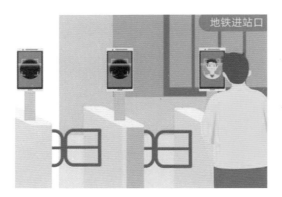

图 2-1-15 人脸识别进站

政协岳阳市第八届委员会第三次会议于 2019 年 1 月 6 日上午，在岳阳文化艺术会展中心开幕。这次会议没有像以往一样采取手写签到的方式，而是对参会人员进行"刷脸"签到，大大缩短了入场时间。机器识别人脸后，将特征信息与数据库中存储的人脸信息进行对比，如果信息一致，则允许入场，如果信息不一致，则禁止入场，这样就能避免冒用、盗用身份的情况。

旅游区的人脸识别自助售票机器，给游客带来了既环保又节省时间的购票体验。这样的自助机器，是通过人脸识别验证身份，并与身份证信息进行对比，以此来确认游客身份，整个购票过程变得非常快捷。景区的线下购票方式也实现了多样化，特别是在游客高峰时段，这是一种非常高效的售票方式。

图 2-1-16 人脸识别自助购票

 推荐书目

《人工智能启蒙》（第三册）（林达华、顾建军主编，商务印书馆，2020 年 5 月第 1 版。）

第二课　语音识别——让机器听见世界

1. 了解语音识别的原理，以及语音识别的基本过程。

2. 了解日常生活中都有哪些地方应用了语音识别技术。

3. 通过编程练习，完成一件简单的人工智能作品——"听话的灯"。

知识遨游

图 2-2-1　智能音箱语音识别

在生活中，人工智能的应用越来越广泛，比如，人工智能有一项重要的技术，就是语音识别。人们可以通过语音指令，让机器人做出包括舞蹈在内的各种动作，甚至一些高难度动作，帮助人进行一些工作，而一些手机语音助手还可以同你一起玩游戏，你还可以通过智能音箱了解天气情况，等等。

　　人工智能技术希望通过机器模仿人的智能。人对外界的感知依靠的感觉器官，而人工智能则可以通过计算机来实现，人工智能技术就是通过机器来模拟、延伸和扩展人的智能的技术。

小贴士

传感器：作为一种检测装置，传感器可以发现被测量的信息，还可以按照一定的程序，将信息转换成电信号或其他形式的信息进行输出。

　　人们对声音的感知要凭借耳朵，而声音信号是由听觉神经传递给大脑的。对这些信号，大脑要进行分析，做出判断，这样就能对信息做出识别。我们使用的麦克风就是机器的"耳朵"。

　　机器用麦克风收集语音信息，而语音识别和语义理解等人工智能技术可以帮助机器理解语音信息的意思。

语音识别

　　语音识别（Speech Recognition）的作用，就是将人的语音转化为文字或指令，这样，我们就可以用语音和机器对话了。

图 2-2-2　语音识别

　　麦克风收集到语音信息后，系统会将这些信息转化为数字语音数据，然后进行去除噪音等处理，以便识别得更精确，接着将一长段语音分成若干小段，最后按照顺序，将每一小段语音与设定好的语言模型做对比，识别并输出相应的文字。

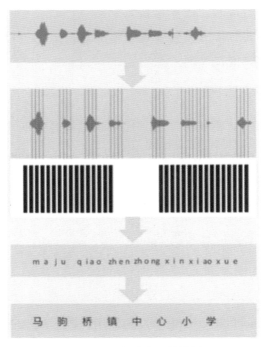

图 2-2-3　语音识别的过程

思考与实践

　　语音识别技术发展得很快，无论在生活中、学习中还是工作中，人们都越来越多地使用到语音识别。与智能音箱、语音助手进行对话，用语音控制家用电器、家居设备，这些为我们的生活提供了更多的便利。不仅如此，在医院、银行、商场等公共场所，也有语音交互机器人为人们提供帮助。

图 2-2-4　语音助手

图 2-2-5　语音控制家电

图 2-2-6　语音导诊机器人

图 2-2-7　语音服务机器人

✏️ **想一想**

除了上面介绍过的场所，还有哪些地方应用了语音识别技术呢？

✏️ **做一做**

模拟智能家居设备"听话的灯"。尝试通过编程平台中的语音识别命令模块编写程序，实现用语音控制一盏灯。

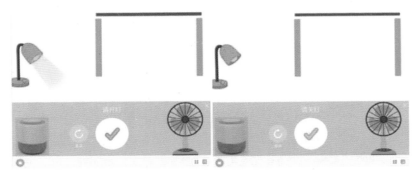

图 2-2-8　听话的灯

程序设计思路：当识别到"请开灯"的语音指令时，灯打开；当识别到"请关灯"的语音指令时，灯关闭。

程序设计思路：

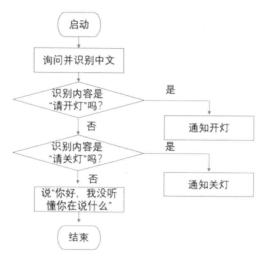

图 2-2-9 "听话的灯"程序实现流程

试着编写更多的程序吧！

编写智能音箱程序：

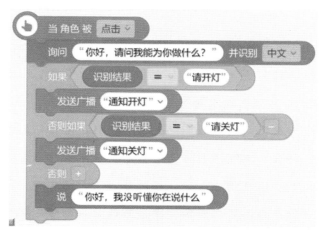

图 2-2-10 智能音箱程序

编写灯的程序：

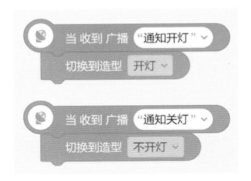

图 2-2-11　灯的程序

✏️ **创意思考**

窗帘、空调、电视机等智能家居设备都可以用语音进行控制，你能编写出这些程序吗？

拓展阅读

语音识别技术的发展历史

多年来，科学家们一直在研究如何能让机器"听懂"人类的话。20 世纪 50 年代，有关语音识别技术就成为科学家的研究对象。到了 21 世纪初，互联网和大数据深度学习技术得到了迅猛的发展，语音识别技术也随之有了极大的进步。那么，深度学习对于语音识别技术有什么意义呢？深度学习可以让机器更加精确地识别语音，在此基础上，诞生了各种能够与人进行语音交互的智能产品，比如语音助手、智能音箱等等，这些产品让人们享受到了前所未有的便利。

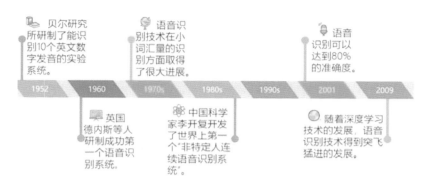

图 2-2-12　语音识别技术的发展历史

想象一下，还有哪些新产品可以应用语音识别技术呢？

图 2-2-13　语音识别的应用

　推荐书目

《未来启蒙：给孩子的人工智能启蒙》（孟庆平、喻兰主编，北京联合出版公司，2019 年 8 月第 1 版。）

第三课　文字识别——让机器识文断字

1. 了解机器是如何识别文字的，以及文字识别在生活中的应用。
2. 编写"文字识别"程序，体会机器识别文字的具体方法。

知识遨游

文字是记录语言的工具，我们不仅可以用语言进行交流，也可以用文字进行交流。人工智能的人脸识别技术和语音识别技术，让机器像人类一样拥有眼睛和耳朵，能看、能听、能学习，而文字识别技术让机器具有了认识文字的能力，这样，机器就能像我们一样识文断字了。

图 2-3-1 "识文断字"的机器

人类识字

你认识下面这个文字吗？如果觉得很陌生，你可以试着学会它吗？

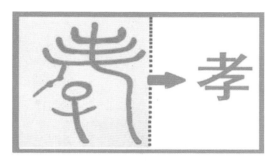

图 2-3-2 "孝"字的变化

这是一个甲骨文字，通过分析它的写法，我们才能认识这个字。

机器识字

在人们的工作和学习中，计算机自动识别字符的技术让人们可以更快捷地处理文字信息，省去了很多繁琐的步骤。那么，这项技术的原理是什么呢？下面就让我们来了解一下吧。

小贴士

文字识别技术：文字识别技术一般包括三个主要部分：文字信息采集、信息分析与处理、信息分类判别。

1.图文输入：使用扫描仪、摄像头等输入设备，将文字原稿输入计算机中，使其成为数字化图片。

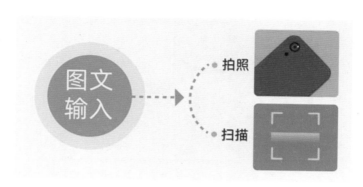

图 2-3-3　图文输入

2.预处理：图片只显示为两种颜色，例如，文字是白色的，背景是黑色的，因为计算机要区分图片中的文字部分和非文字部分，然后将文字部分的每一个文字都处理成文字图案。

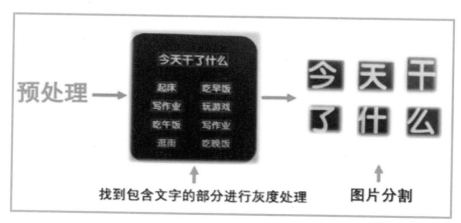

图 2-3-4　预处理

3. 单字识别：我们将一个字的笔画、结构等特征存储在大脑中，再看到这个字时，我们就能认出它了。计算机也需要将要识别的单个文字与数据库中存储的文字做对比，从中发现相似的文字，这就是 OCR（Optical Character Recognition，光学字符识别）文字识别的核心技术。

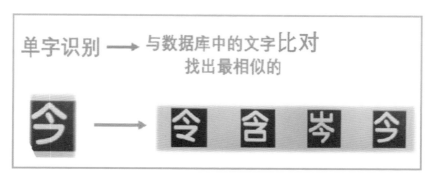

图 2-3-5　单字识别

总结

我们已经了解了人类和机器都是怎样识字的，请根据下图简单描述一下这两者之间有什么相似的地方。

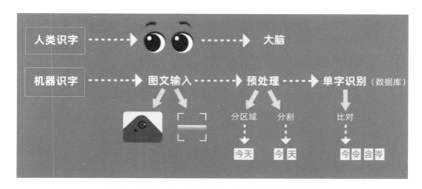

图 2-3-6　人类识字与机器识字的过程

思考与实践

如果没有文字识别技术，我们要想提取图片中的文字，就只能照着图片把字打出来，而有了文字识别技术，计算机就可以自动识别图片中的文字，并且保存为文档，给我们带来了极大的便利。

想一想

文字识别技术已经被运用在生活中的多个领域，例如自动识别车牌、身份证、银行卡、快递单等等。人工进行这些工作，不仅工作量大，而且效率低，容易出错，文字识别技术的应用为人们解决了这个难题。请你想一想，生活中还有哪些地方应用了文字识别技术呢？

做一做

尝试在编程平台上编写文字识别程序，在实践中了解机器是怎样识别文字的。

程序设计思路：机器通过摄像头采集文字信息，然后识别并朗读文字。

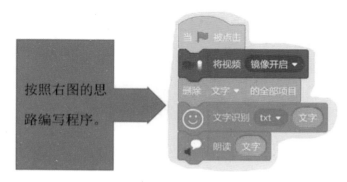

图 2-3-7　机器识别并朗读文字程序

创意思考

机器的文字识别能力非常强大，除了能识别出图片上的文字，还能识别出我们用手写板写出的文字。请想一想，手写文字识别都有哪些应用？

图 2-3-8　手写汉字识别

文字识别的发展历史

识别印刷体文字的技术早在 1929 年就出现了，当时欧美国家就是利用这种技术对刊物、文件、单据报表等进行处理。如今，这项技术经过不断的改进，已经发展得相当成熟。

20 世纪 70 年代末，我国研究人员通过学习欧美国家的文字识别技术，开始研发印刷体汉字的识别技术。

1986 年到 1988 年，汉字识别技术受到越来越多的重视，印刷体汉字识别技术的研究取得了丰硕的成果，可以识别 6763 个汉字，包括宋体、仿宋体、黑体、楷体，从 3 号字到 5 号字，识别效率也相当高。如今，我国的印刷体汉字识别技术已经达到了世界领先水平。

 推荐书目

《小学生学人工智能》（范瑞峰编著，人民邮电出版社，2019 年 9 月第 1 版。）

第四课　自然语言处理
——让机器理解人类语言

学习目标 >>

1. 了解关于自然语言处理的基本概念。

2. 了解日常生活中都有哪些地方应用了自然语言处理技术。

3. 通过编写程序，体验机器翻译的功能。

知识遨游

有一种神奇的设备，能准确地把中文翻译成其他语言，或者把其他语言翻译成中文，就像一个专业的翻译一样。我们已经了解到，语音识别技术让机器有了听觉，那么，如何才能让机器理解听到的语言呢？这就需要另一项人工智能技术，也就是自然语言处理（NLP，Natural Language Processing）技术。接下来，我们就来认识一下这项技术吧。

图 2-4-1　智能设备的翻译功能

什么是自然语言

人工智能可以用自然语言与我们对话，还可以作为翻译，帮助我们与外国人对话。

小贴士

自然语言：人类与其他动物最大的区别，就是人类能够使用语言。自然语言就是人类交流、思考所使用的语言，不同国家的人使用的语言也不同。汉语、英语等都属于自然语言。

图 2-4-2 自然语言交流

解密自然语言处理

当计算机对人类的自然语言进行分析和处理的时候，需要用到自然语言处理技术。有了这项技术，计算机不仅可以"听懂"自然语言，而且可以"说出"自然语言。

你还记得你是怎样学会与别人对话的吗？你会如何分析一个很难懂的句子呢？首先，我们会根据句子的语法结构，将整个句子分割成几部分，再通过理解每部分的意思来理解整句话的意思。

同样，机器也是这样理解句子的，先将一个句子分割成几部分，弄懂每部分后，就能理解整句话的意思了。

> 原句：南京市长江大桥欢迎您
>
> **南京市长 / 江大桥 / 欢迎您**
>
> **南京市 / 长江大桥 / 欢迎您**

有些词语含有多种意思，所以，我们在日常交流时要注意语境，否则，如果不考虑前后文，就会出现理解偏差，甚至引起误会。

图 2-4-3　语义歧义使人机沟通更加困难

那么机器在处理自然语言时，是如何解决这个问题的呢？机器在理解一个词的时候，会先从词库中找到这个词的不同解释，例如："小林走了一段时间了。"要理解这句话中"走"的具体含义，机器会先从词库中找到它都有哪些解释。"走"通常有两个解释，一个是行走，一个是离开，然后，机器会根据语境，选择正确的解释。

我们看一下完整的对话：

小陈："小林在哪里？"

小郑："他走了一段时间了。"

经过自然语言处理，可以解释为小林已经离开一段时间了。

自然语言处理的应用

自然语言处理技术能够让计算机准确、高效地理解人类的语言。因此，在生活中，这项技术的作用相当重要。那么，自然语言处理技术能给我们的学习和工作带来哪些帮助呢？

机器翻译

机器翻译是自然语言处理的一项重要应用。我们用计算机或手机学习英语时，经常要使用翻译工具。机器翻译可以将一种语言自动翻译为另一种语言，并且将翻译后的结果输出为文本。

机器在进行自然语言处理之前，需要学习大量语言资料，并存储在数据库中。在处理自然语言时，机器会将最常见的词汇提取出来，再根据固定的语法结构，翻译为指定的语言。

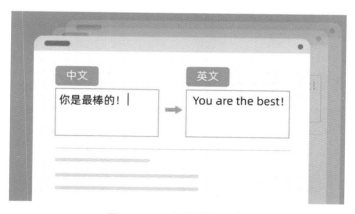

图 2-4-4　在线翻译平台

图 2-4-5　机器翻译过程

问答系统

问答系统也叫作对话系统，它借助语音识别、自然语言处理、语言合成等技术，让机器可以像人类一样进行问答交流。

机器识别人的语音或文字，将其转换成文本信息，再将文本信息转换成机器能够理解的语义内容，根据对话程序判断将要输出的语义，并将其转换成自然语言文本，最终转换成语音或文字，并输出转换结果。

我们可以注意到，很多平台已经用智能客服取代了人工客服，这样，在回答常见问题时，不仅避免了过多的人力投入，而且提高了解决问题的效率。

图 2-4-6　智能客服

图 2-4-7　手机智能语音功能

图 2-4-8　问答系统处理过程

作文自动评分系统

为了提高作文考试评分效率，使之更公正，一些国家研发出了作文自动评分系统，运用计算机技术给作文打分。目前，我国也开始逐渐将这种技术运用到一些考试中。

图 2-4-9　作文自动评分

思考与实践

我们已经了解了自然语言处理的基本概念，请你思考以下问题，并亲自实践一下。

想一想

生活中还有哪些地方应用了自然语言处理技术呢？

做一做

利用编程平台上的工具，编写一个能够将中文翻译成英文的程序。

程序设计思路：首先录入一段中文语音，机器将这段语音翻译成英文并朗读出来。例如，录入中文语音："我是中国人，我爱我的祖国！"机器将其翻译成英文"I am Chinese and I love my motherland"并朗读出来。

编程实践：

图 2-4-10　翻译机器人程序

✎ **创意思考**

试着编写其他程序，翻译更多的句子。如果可以的话，编写复杂一些的程序，和机器进行对话。

拓展阅读

自然语言处理的发展

机器翻译的设计方案，最早是由美国人威弗在 1949 年提出的。从此，机器的工作开始深入自然语言领域。

随着对自然语言处理技术的不断探索，研究人员开始为自然语言处理过程制定规则。20世纪50年代至70年代，这些规则被广泛运用在实际操作中。但研究人员所掌握的知识毕竟有限，制定出的规则也只能处理典型的句子，而要想准确理解自然语言，就不能不考虑语境因素。为了解决这个问题，研究人员在统计学的基础上总结出一种方法，使机器可以根据大量

图 2-4-11　IBM-701 计算机在进行英俄翻译

真实的文本资料，自动建立能够处理自然语言的规则。

如今，随着深度学习技术的不断发展，对自然语言处理技术的研究也取得了新的成果。研究者通过文本输入的方式，用深度学习技术对机器进行训练，实现了机器与人的交流。与此同时，自然语言处理也成为人们普遍关注的话题。

图 2-4-12　自然语言处理与搜索引擎

推荐书目

《小学生学人工智能》（范瑞峰编著，人民邮电出版社，2019年9月第1版。）

第五课　智能推荐——机器的"读心术"

学习目标 ≫

1. 了解智能推荐的定义和原理。
2. 了解智能推荐在生活中的应用。

知识遨游

你有没有发现，手机里的一些应用很神奇？购物网站的推荐恰好有想买的东西，新闻网站推送的一些新闻正是你感兴趣的内容，音乐播放软件里推荐的一些歌曲是你平时喜欢听的类型……

这些软件好像能读懂人的心思，知道你最想要的是什么。那么，它们是怎么做到这一点的呢？这依靠了人工智能的一项重要技术——智能推荐系统。

智能推荐系统是如何做到准确推荐的呢？实际上一个推荐系统主要可以通过根据用户所属的群体、用户的历史浏览信息以及用户购买过的物品进行计算，从而得到最符合用户需求的结果。

图 2-5-1　推荐系统

根据用户购买的物品进行推荐，就是推荐用户感兴趣的物品的相关物品。例如，用户曾经购买过物品 A，那么系统就会自动向用户推荐与 A 相似的物品 B。

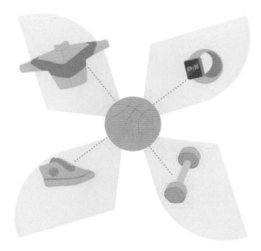

图 2-5-2   根据物品之间的联系进行推荐

　　根据历史浏览信息进行推荐，就是分析用户曾经浏览过哪些物品，从中总结规律，分析用户的爱好。例如，有些视频网站会查看用户播放过或收藏的视频，进而推荐与之类似的视频。

小贴士

数据：通常指人类对事物进行观察的记录，数据的形式多种多样，既有数字和符号，也有文字、图片、音频和视频等。

图 2-5-3 视频网站的推荐

图 2-5-4 新闻平台的推荐

图 2-5-5 输入法的个性化推荐

　　根据用户群体进行推荐，就是分析用户所属的是何种群体。同样的群体通常具有同样的兴趣爱好，例如有人喜欢吃水果，他就会和同样的人进行交流，那么系统就会向他和同一群体的人推荐水果。

图 2-5-6　根据用户群体进行推荐

　　智能推荐系统依靠的是海量的数据和基于数据的算法。根据智能算法，就能做到精准推荐。数据越多，推荐的精准度就越高。

小贴士

算法：通常指解决问题的步骤和方法。对于人工智能来说有三个关键因素：数据、算法和算力。数据是基础，算法是关键，算力是保障。

思考与实践

　　当今时代，数据越来越多，以数据为基础的计算也越来越精确。因此智能推荐的普及程度越来越高。

想一想

数据越多，推荐就越准确，越符合用户的需求，这究竟是为什么呢？

做一做

1. 智能推荐都存在于哪些场景中？

　　A．点外卖　　　　　　　B．听音乐　　　C．看视频

2. 智能推荐需要哪些数据？

　　A．购买记录　　　　　　B．搜索记录　　　C．分享记录

创意思考

在手机上打开一个软件，搜索一件商品或服务，然后再查看软件推荐了什么？是不是你喜欢的？想一想，怎样让智能推荐更符合需求呢？

拓展阅读

数据与推送

数据是从哪里来的呢？我们在网络上进行的所有活动，都会留下痕迹，这就是数据。我们浏览网页、购买商品、叫外卖、打网约车，这些都是数据。通过网络，数据被大规模地收集和传播。

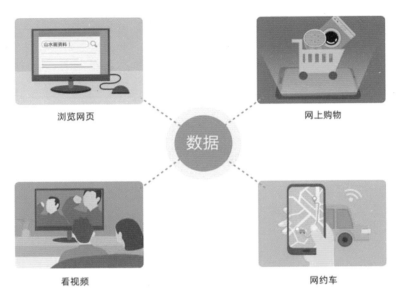

图 2-5-7　产生数据

　　除了软件之外，生活中各种常见的硬件设备也会收集我们的数据，例如手上佩戴的智能手环、手表，还有大街小巷的监控摄像头，都时时进行着记录。

图 2-5-8　城市摄像头收集数据

图 2-5-9　智能穿戴设备收集运动数据

精准推送的确给我们的生活带来了很多便利，但同时也应看到，这样的智能推荐还可能使我们陷入"信息茧房"的束缚中。

小贴士

信息茧房：智能推荐算法根据用户的爱好持续进行推送，使用户一直沉浸在他们喜爱的信息中，生活日趋同质化。

甚至存在恶意用户通过一些违法犯罪行为故意影响推荐系统，侵犯个人隐私。因此我们要建立网络安全意识，保护好自己的数据，严格遵守网络道德规范与法律法规，负责安全地使用网络。

 推荐书目

《人工智能启蒙》（第一册）（林达华、顾建军主编，商务印书馆，2019年10月第1版。）

第六课　自动驾驶
——让机器成为优秀驾驶员

学习目标 >>

1. 了解哪些领域应用到了自动驾驶技术。

2. 了解自动驾驶是怎样实现的。

3. 编写一段程序，让小车能够躲避障碍。

知识遨游

图 2-6-1　自动驾驶汽车

1885 年德国人卡尔·本茨发明第一辆汽车以来，它在形式上有了很多改进和革新，但是驾驶方式始终没有大的进步。如今，人工智能带来了驾驶技术的重大革命。在不久的将来，我们即将迎来自动驾驶的时代。

自动驾驶汽车

如今，想要驾驶机动车，驾驶人必须通过考试取得相应的资格。随着人工智能的发展，我们将不再需要驾照，而是只需要智能设备和软件提供自动驾驶服务。

小贴士

自动驾驶汽车：通过电子设备和软件实现自动驾驶的智能汽车，也被称作无人驾驶汽车、电脑驾驶汽车、轮式移动机器人。

自动驾驶汽车技术原理

自动驾驶的核心是计算机。通过人工智能控制各种硬件设备，依靠雷达、电子监控装置和全球卫星定位系统，对采集到的各种数据进行分析，就能无须人类操作，自动驾驶车辆。

自动驾驶汽车安装了很多摄像头和雷达传感器，能够自动分

图 2-6-2 激光雷达

析路况，在规定道路上行驶，躲避障碍，顺利到达目的地。

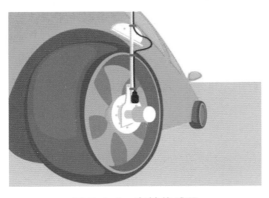

图 2-6-3　车轮传感器

自动驾驶应用的硬件设备主要包括激光雷达、摄像头和各种传感器。其中，激光雷达能够进行测距，扫描车辆周围的环境，并实时生成三维地图，为计算机提供计算的基础数据。

位于车辆前后方和后视镜位置的摄像头，能够观察车身附近的路况，识别信号灯，还能判断物体是行人还是障碍物，并进行合理规避。

车轮传感器能够用来通过车轮的移动来进行定位，结合雷达和摄像头的扫描结果，确定车辆的实际位置。距离传感器能够用来测量车辆和其他物体之间的距离。

自动驾驶汽车的核心设备是一台主控电脑，它把各个硬件设备收集到的信息进行综合计算和处理，判断驾驶方式和行驶路线，并指挥汽车按照计划前行。

图 2-6-4　前后雷达

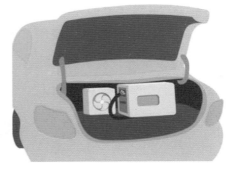

图 2-6-5　主控电脑

自动驾驶技术的应用

　　自动驾驶技术应用的场景不仅局限于汽车，火车、飞机和船舶同样能使用这种技术。

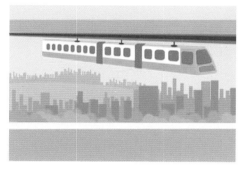

图 2-6-6　自动驾驶"空轨"

图 2-6-7　自动驾驶列车

图 2-6-8　无人机

图 2-6-9　自动驾驶船舶

　　我们常说的"无人机"，学名叫作"无人驾驶飞行器"。根据用途的不同，无人机分为军用和民用。民用无人机的应用领域越来越多，不但能进行航拍，在农业领域能用来喷洒农药、测绘土地，在物流领域能用来运送快递，还能进行灾难救援和野生观测等。

思考与实践

我们现在已经了解了自动驾驶技术的原理，以及这种技术的应用，下面就请大家进行思考和实践。

想一想

自动驾驶汽车是怎样行驶的？

做一做

编写程序，设计一辆能够躲避障碍的智能汽车。

图 2-6-10　遇障自停小车

程序设计思路：

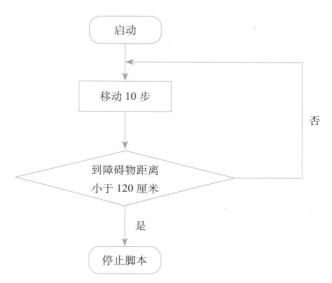

图 2-6-11 "遇障自停小车"实现流程

编程实践：

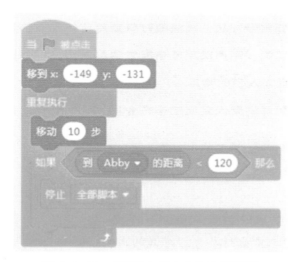

图 2-6-12 "遇障自停小车"实现程序

✏️ **创意思考**

你能够让程序更加完善吗？不但能躲避障碍，还能继续行驶。

拓展阅读

自动驾驶就在我们身边

图 2-6-13　自动驾驶零售车

2020 年 7 月，一辆神奇的汽车出现在了北京的朝阳公园。这辆汽车没有驾驶员，却能自动行驶。车上还装满了各种零食和饮料。有人招手，车就会停下，供人选购商品。

这辆自动驾驶零售车体型很小，只有一人高，车上装有摄像头和雷达，能够自动行驶，还能随时根据用户的指令停车。车停下之后就变成了一个贩卖机，用户使用电子支付购买商品。这辆自动驾驶零售车方便了游客，满足了人们的需求。

未来，更多种类的无人驾驶汽车将会不断涌现，为我们的生活提供更多帮助。

 推荐书目

《无人驾驶：未来出行与生活方式的大变革》（戴维·克里根著，机械工业出版社，2019 年 5 月第 1 版。）

第七课　机器人
——让机器拥有人类智能

学习目标 》》

1. 了解机器人都有哪些种类。

2. 了解机器人的应用。

3. 为机器人编写程序。

知识遨游

　　所谓机器人，就是能够模仿人类的
行为进行工作的智能机械。机器人可以
由人类进行直接操控，也可以按照程序
自动运行。机器人通常用来协助人类工
作，在重复性高、劳动强度大、工作环
境复杂的岗位上替代人类。

图 2-7-1　机器人

跟我学人工智能

机器人的分类

图 2-7-2 轮式机器人

机器人有很多分类标准，能够分成许多种类。如果按照移动方式来分类，机器人可以分为：轮式机器人、腿式机器人、履带式机器人和其他类型机器人。

在所有机器人中，轮式机器人是最常见的，它能在平坦的道路上以较高的速度行驶。履带式机器人相比之下行驶较为缓慢，但是能通过复杂路面。腿式机器人像人类一样长着腿，通过仿生学的方式跨过障碍行走。

图 2-7-3 履带式机器人

图 2-7-4 腿式机器人

按照应用领域的不同，机器人还可以分为：工业机器人、农业机器人、家用机器人、医用机器人、军用机器人、教育教学机器人、娱乐机器人等。

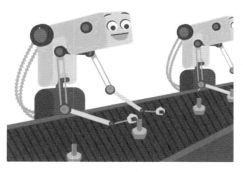

图 2-7-5　工业机器人

图 2-7-6　农业机器人

图 2-7-7　医用机器人

图 2-7-8　军用机器人

机器人在生活中的应用

　　机器人能够帮助我们在很多领域完成各种各样的工作，解放劳动力，让我们可以把时间和精力投入其他方面，更好地享受生活。

　　物流机器人能识别红绿灯和路上的各种障碍，把货物送达指定地点。仓储机器人能高效管理仓库，精确摆放货物，而且不知疲倦，使仓库管理工作不再依靠繁重的人力劳动。在酒店餐饮行业，机器人能够为客人提供迎宾、带位、整理房间和送餐等服务。在教育领域，机器人能够与学生交流，激发学生的学习兴趣，培养学生的全场景学习能力。

图 2-7-9　无人配送机器人

图 2-7-10　搬运机器人

图 2-7-11　酒店服务机器人

图 2-7-12　送餐机器人

图 2-7-13　教育机器人

思考与实践

现在我们已经了解了机器人的种类和功能，接下来请大家进行思考和实践。

想一想

机器人怎样才能侦测到前方是否有障碍物呢？

做一做

编写一个程序，让机器人往前走 10 步，如果前方的障碍物大于 30 厘米时，就做出大笑的表情，否则就做出抱抱的表情。

程序设计思路：

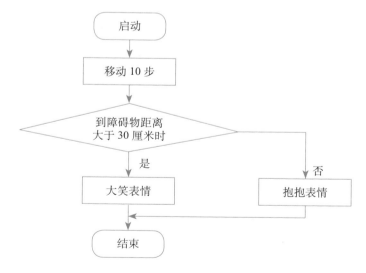

图 2-7-14　机器人的实现流程

编程实践：

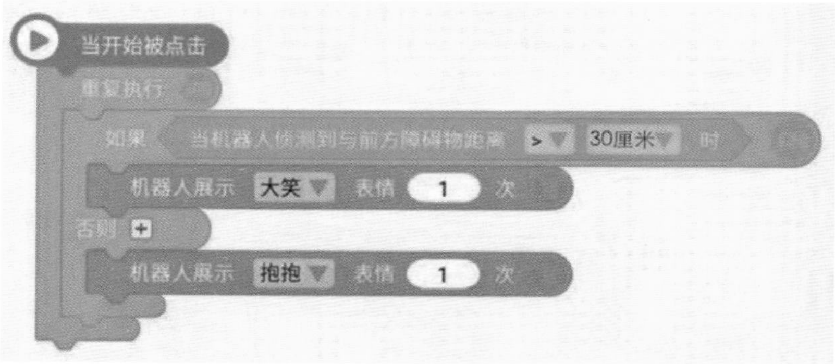

图 2-7-15　机器人的实现程序

创意思考

完善这个程序，使机器人在遇到距离自己 20 厘米至 40 厘米之间的障碍物时，做出打招呼的表情。

拓展阅读

人形机器人

所谓"人形机器人"，顾名思义，就是模样像人类一样的机器人。1886 年，法国作家维里耶·德·利尔·亚当在小说《未来的夏娃》中，将一种像人一样的机器人命名为 Android，这就是我们如今常用的手机应用系统"安卓（Android）"的形象由来。

图 2-7-16 人形机器人

如今已经诞生了很多人形机器人，它们可以做出各种复杂的动作，像人一样行走、跳舞，甚至还能翻跟头！想实现这些功能，要使机器人具备很强的机械活动能力，还要在机器人身上安装多个传感器，用强大的计算机对机器人进行控制。因此，人形机器人体现了一个国家的科技发展水平，很多国家都在这一领域投入了大量人力和财力。

未来，机器人的种类将会越来越多，功能也会越来越复杂。人类将进一步得到解放，创造更加美好的世界。

 推荐书目

《机器人前线》（日经产业新闻编，机械工业出版社，2019 年 9 月第 1 版。）

第八课　机器学习
——让机器变得"聪明"

1.了解机器是怎样进行学习的。

2.训练机器学习模型，体会"教机器学习"的过程。

3.编写调试程序，实现基于机器"识图认物"的功能。

知识遨游

　　智能音箱能够"听懂"我们的话，手机能够"认识"人脸，短视频应用能"读懂"我们的喜好，为我们推荐喜欢的视频，汽车无须人类驾驶员可以自动驾驶……机器是如何变得越来越"聪明"的？

图 2-8-1 与智能音箱对话

图 2-8-2 人脸识别

图 2-8-3 短视频推荐

图 2-8-4 自动驾驶

人类之所以能够成为万物之灵长，就是因为人会学习。婴儿通过模仿成人来学习说话、走路，在成长的过程中对身边的世界进行观察，从而获得自理能力。

例如我们观察认识水果的过程其实就是一个学习的过程，机器也

图 2-8-5 学习认识水果

可以做到，但是需要用很多的实物或者图片教给机器。也就是机器学习需要事先提供大量的数据。人工智能是从数据当中进行学习的。

小贴士

机器学习：指人工智能领域的学习。机器要通过数据来总结规律，从而学习和掌握各种规则。

例如，我们想让机器识别苹果和西瓜，就要先让机器"看"到很多苹果和西瓜的图片，然后告诉机器，这些是"苹果"和"西瓜"。在学习了很多图片之后，机器就会把图片和物品进行关联。这样的学习，我们称之为监督学习。

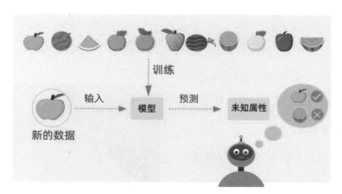

图 2-8-6　机器学习中有监督学习

如果我们让机器接触一些数据，但是不告诉机器这些是什么，而是让它自行总结规律，这就是无监督学习。

在无监督学习中，有一种学习需要边总结边试错，就像人类学习走路那样，通过不断地摔倒来掌握平衡的技巧，最终成功走起来。这种学习被称作强化学习。前面提到的打败人类顶尖围棋手的 AlphaGo（阿尔法围棋），就应用了强化学习的方式。

图 2-8-7　人工智能围棋程序

思考与实践

现在，我们已经初步了解了机器是怎样学习的。机器学习的方式包括监督学习、无监督学习、强化学习等。这几种学习方式有什么不同？试着用自己的语言总结一下。

想一想

对一个人工智能机器人进行训练，使它能辨别海洋生物和海洋垃圾，让海洋变得更加洁净。

要想实现这个目的，我们要进行如下几个步骤：首先是准备数据，给机器人提供大量的数据，告诉机器人这些数据分别是什么；其次是训练模型，让机器人总结规律，将不同的事物分门别类；最后是验证模型，给机器人提供新的数据，让它自行将数据进行归类。

图 2-8-8　提供数据

图 2-8-9　模型训练

图 2-8-10　程序脚本

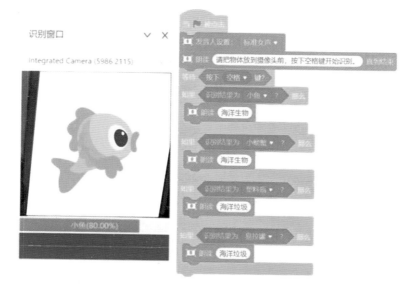

图 2-8-11　测试模型

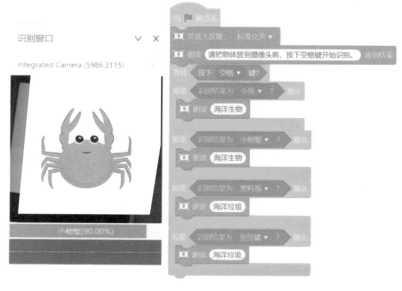

图 2-8-12　测试模型

怎么样，你编写的程序实现预想的功能了吗？这个程序能否正确判断出哪些是海洋生物，哪些是海洋垃圾？如果想要这个程序识别更多海洋生物类别，应该怎样实现呢？

小贴士

训练数据和测试数据：测试和训练时使用的数据，通常是不同的。也就是说人工智能应该能够正确地将之前未见过的数据进行分类，科学家通过这样的方式来确定人工智能是在学习而不是在记忆答案。

创意思考

现在让我们发挥想象，描述一个你理想中的人工智能程序和它可以实现的功能，并将它画出来。

拓展阅读

深度学习

人类面对复杂的世界，是怎样进行学习的呢？我们知道，大脑是智能的中枢，能够进行各种复杂的思维活动。其中，前额叶皮质主要负责认知。大脑中还有数以千亿计的神经元，每个神经元都有一些叫作"树突"的部分，负责接收信息；还有一个叫作"轴突"的部分，负责发送信息。轴突的尾端与其他神经元的树突连在一起，成为一个个"突触"。这些突触之间用电流来传递信号，接收和发送信息。

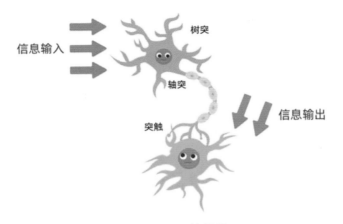

图 2-8-13　神经元

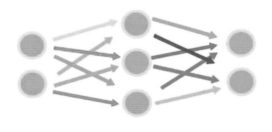

图 2-8-14　感知器模型

科学家们受此启发，用感知器模拟神经元，使人工智能具备大脑那样处理信息的能力，这些感知器形成的网络就被称为"神经网络"。

小贴士

感知器：模拟的神经细胞，能够接收外界的信息。信息汇总处理之后，形成新的信息，并通过网络向外传递。

机器学习的一种新技术，是以神经网络为基础的，这种技术就是深度学习技术。

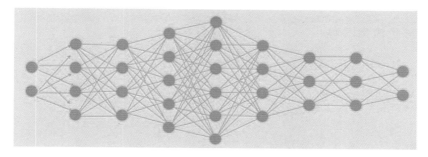

图 2-8-15　人工神经网络模型

通过神经网络，人工智能就像是人类的婴儿一样，不断接收信息并且进行无监督学习。2010 年，美国华裔科学家吴恩达应用这一技术让人工智能进行了为期一周的深度学习，成功使它自动识别出了猫脸，轰动了整个科学界。

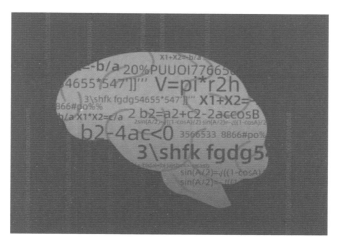

图 2-8-16　打造人工智能"超级大脑"

在信息时代，网络中存在海量的数据，计算机的计算能力也不断增强。深度学习的人工智能显现出了越来越多的优点，在很多领域发挥出了重要的作用。未来，科学家们将继续努力，让人工智能像人类一样学习、进步，从而更好地造福人类。

推荐书目

《给孩子的人工智能图解》（三宅阳一郎、森川幸人著，山东人民出版社，2017 年 10 月第 1 版。）

人工智能的未来

　　人工智能的未来，将是怎样的呢？无疑，我们都希望它能有更好的发展，变得更加智能，更加高效，甚至变得比人类更加强大。这样一来，我们的生活将会进入一个崭新的篇章。那么，我们离这一天还有多远呢？这样的设想能够成为现实吗？

　　在这一章里，我们就要展开想象，飞向遥远的未来，看看那时的人工智能是什么模样。

第一课　人工智能时代——学习的革命

1. 了解人工智能时代，学生是如何学习的。

2. 转变观念，学会应用智能学习的方式提高效率。

知识遨游

在传统的教育路径中，我们都要按部就班地接受学校教育，通过老师讲授和阅读课本来学习知识。但是进入人工智能时代之后，我们的学习场景将变得完全不同。

图 3-1-1　使用数字设备学习

传统的教学方式

在传统教育中，学生在学校里是以班级为单位进行学习的。相同年龄段的学生会被分到一个个班级里，按照课程表上课，每节课的时长是一样的，讲授的内容也是一样的。老师根据事先设计好的教学进度授课，用一个学期的时间讲完教科书的内容。

图 3-1-2　班级授课

人工智能时代的学习

到了人工智能的时代，学生学习的场所和途径都有了变化。上课不一定在教室里，也不一定和老师面对面。学生要提高主动性，接纳更多的信息。学习时间不再是固定的，而是可以随时随地学习。

各种智能设备为学习提供了更多便利。平板电脑替代了传统的黑板，智能课桌不仅能实现传统课桌的功能，还能成为记录信息的平台。线上学习满足了更加个性化的需求，能够根据学生不同的学习能力制订相应的学习计划。学习群组可以在线下交流和分享，进行有创造力的活动。

图 3-1-3　个性化学习

在人工智能的帮助下，未来的学生将会习惯固定学习和移动学习结合，线上学习和线下学习并重的新模式。

你将面临的挑战

因材施教这个理想，将在人工智能时代得以更好实现。每个人都能根据自己的需要量身打造学习目标，得到更符合自身需求的资源，更加自主地学习。

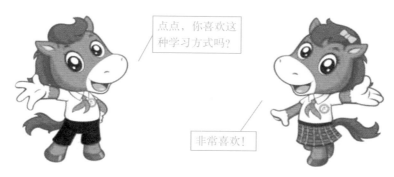

点点，你喜欢这种学习方式吗？

非常喜欢！

图 3-1-4　交流学习方式

思考与实践

在不久的将来，学习不再有固定的时间和阶段，幼儿园、小学、中学、大学……学习将是随时随地的，更强调个人的主观能动性。正如诺贝尔文学奖获得者、著名作家莫言所说的："你们要好好学习，未来还是你们的，不是机器人的。"

想一想

在未来，你将怎样借助人工智能学习呢？和现在有什么不同？

做一做

使用程序对计算题进行批改，并记录批改的过程。

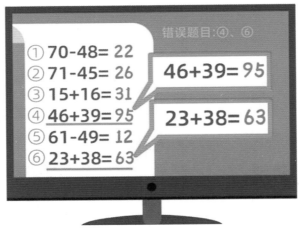

图 3-1-5　自助批改程序

创意思考

请你大胆设想一下:如果老师全部换成了人工智能,你会怎样学习呢?

拓展阅读

库兹韦尔预言

美国著名作家、发明家和未来学家雷·库兹韦尔被比尔·盖茨称作"预测人工智能最准确的人",他曾预言道:"到 2029 年,人工智能可以和人类相匹敌。"

根据他的预言,到那时,人工智能不但能使用人类的语言沟通,还能表达出人类的情感，甚至能像人一样思考。科学家模仿人类大脑搭建人工智能的架构，使它在各个方面都十分趋近于人类。这种不是人类的"人"，能理解你传递的所有信息，还能帮助你提升生活质量。

　　当然库兹韦尔预言的事情还有很多，让人耳目一新，如果你对此感兴趣，可以去阅读他的著作。

　　推荐书目

　　《人工智能的未来》（雷·库兹韦尔著，浙江人民出版社，2016 年 3 月第 1 版。）

第二课　人工智能时代——社会的变革

学习目标 》》

1.了解人工智能在未来将如何发展。

2.通过学习，做好迎接人工智能时代全新生活的准备。

知识遨游

在漫威系列电影《钢铁侠》中，托尼是一个集高科技于一身的超级英雄。他有一个忠实的助手贾维斯，帮他把生活打理得井井有条，帮他做早

图 3-2-1　钢铁侠

餐、洗衣服，还能帮他保管最重要的装备——超级战甲。当托尼需要的时候，就会召贾维斯，而贾维斯也从来不曾让他失望。你是否也想有这样一个伙伴和助手呢？在未来，人类应当和这样具有高度智能的机器人如何相处呢？

人工智能带给我们的改变

在社会生活的方方面面，都有人工智能的身影。人工智能在我们的衣食住行等各个领域发挥着重要作用，引领人类社会进入了新时代。据权威期刊预测，到 2025 年，全世界将有超过 400 亿个人工智能终端。换言之，你我身边的智能设备都不止 5 个！到那时，人工智能将无处不在。

人工智能使无人驾驶成为可能，这意味着现行的交通规则将不再适用。

图 3-2-2 取消红绿灯

图 3-2-3 智能终端

由于科技革命带来的产业升级，很多曾有的职业都消失在了历史的长河中，例如报务员、打字员等等。人工智能不但可以胜任目前的很多工作，还能做很多人类无法完成的工作。因此，未来的很多岗位将由机器代替人。

未来人类如何与机器共处

面对飞速发展的人工智能，我们应当怎样处理人与机器的关系呢？人工智能时代带给人类的是机遇还是挑战？

转换职业

很多低技术含量的工作的确已经被机器大规模取代了，但是新技术不但消灭了一些旧职业，还创造了很多新职业。例如，人工智能严重依赖各种数据，"数据标记师"这一新生职业便应运而生。

小贴士

数据标记师：对各种数据（图片、视频、语音等）进行标注，以供人工智能进行学习。

正确使用

人类创造了人工智能，因此也应该正确地使用它，避免产生不符合人类需求的问题。为此，人类应当约束自己的行为。通过下面两个案例想一想，人工智能的应用需要注意什么？

案例一：

有学生因为不想手写假期作业，在网购平台购买了写字机器人，用它来抄写语文作业。在这种"写字神器"的帮助下，他只用了两天时间就完成了全部作业。请同学们想一想，这样做对吗？

案例二：

犯罪分子利用人工智能模仿一家能源公司 CEO 的声音，对该公司进行了诈骗，金额高达 22 万欧元（约合人民币 173 万元）。犯罪分子成功地让公司员工误认为老板有紧急资金需求，并按照要求汇款到了指定账户。

从上面两个例子中可以看出，人工智能只有被合理地使用，才能做对人类有益的事。如果不加控制，人工智能也会成为伤害人类的双刃剑。

建立规则

人工智能为人类带来了巨大的便利，同时也带来了很多新问题。例如很多 APP 大规模收集用户的数据和隐私，一旦泄露，后果不堪设想。可以说，人工智能时代对人类的道德伦理和价值观是新的考验。

> 人工智能时代同样考验人类的道德伦理和价值观念

我国在人工智能的管理方面制定了相应的标准和法律法规。2019 年 6 月 17 日，中国国家新一代人工智能治理专业委员会发布了《新一代人工智能治理原则——发展负责任的人工智能》，提出了人工智能时代应当遵守的八项原则，即和谐友好、公平公正、包容共享、尊重隐私、安全可控、共担责任、开放协作和敏捷治理。

图 3-2-4　与人工智能和谐相处

为了更好地处理人工智能和人类的关系，我们应该从现在开始做好准备，制订学习计划，从而与人工智能和谐相处。

思考与实践

我们对人工智能的第一印象，通常是机器人。但是实际上，机器人的形象并不都是人的样子。只要具有像人一样的智能，能行动的身体，就能称作"机器人"。

想一想

1. 请你想一想，未来的机器人将以怎样的身份与人类相处呢？它是为人类做艰苦工作的机器，还是人类的朋友呢？

2. 英国科学家斯蒂芬·霍金曾经说过："人工智能有可能会取代人类，最终会演变成一种超越人类的新生命形式。"这种说法是否能够成为现实？我们要怎样面对这样的担忧呢？

做一做

你的身边有机器人吗？试着找到它们，然后看看它们有哪些特别之处？

创意思考

请你想象一下，人工智能将会演变成什么模样？它们最终会超过人类吗？

拓展阅读

智能城市——雄安新区

雄安新区，是我国的千年大计、国家大事。这样一座重要的城市，又将怎样与人工智能相结合呢？

雄安新区将不只是一座实体的城市，还对应着一座虚拟的数字城市，这里的所有公共设施都将以数据的形式被记录和管理。所有公共服务，都将是智能化的。

城市的交通和物流体系由人工智能控制，实时感知路况等信息，做到及时应变。基于大数据的社区服务将公共资源进行更加合理地配置，极大丰富百姓的生活。

在未来，雄安新区的每一栋建筑、每一辆车乃至每一个人都将成为信息节点，公共串联起一个庞大的智能网络。交通便利、物流发达，人们的生活变得前所未有的舒适、安全和高效。雄安新区的居民想要办理政府服务时，不再需要奔波于服务大厅，而是可以在线上提交需求，足不出户就能得到想要的结果……

一座虚实结合的城市，即将诞生。这样的城市，是你心目中的未来之城吗？

推荐书目

《人工智能真的来了》（杨澜著，江苏文艺出版社，2017年9月第1版。）

后　记

　　2017 年有幸参加第五届全国小学信息技术优质课展评活动，这次大赛最吸引眼球的是"人工智能"走进了小学信息技术课堂，更加适应当今信息社会的发展需求，更加贴近学生们的生活。这次活动使我受到很大启发，下定决心要把人工智能课程带给我的学生们。同年，在我校领导的大力支持下，依托"通州区运河计划领军人才"项目，组建了"马驹桥镇中心小学信息技术工作室"。

　　为了解人工智能相关知识，工作室成员积极参加各种培训活动，买来相关书籍不知疲倦地阅读，在网上搜集资料，经过近一年的准备，我们终于把人工智能课程带进了小学的课堂，受到了家长的认可，孩子们的喜爱。

　　在实施的过程中我们也遇到了不少问题，如：在小学开设人工智能课程，应该选择哪些内容才能更适合孩子的年龄特点，理论部分应该怎样呈现给孩子们等等，为此信息技术工作室的老师们做了大量的探讨，经过 3 年的不断实践，摸索出适合在我校开展人工智能的课程内容，现呈现给大家，希望能为您开展人工智能课程提供借鉴。

刘　君

2021 年 12 月